PROJETS

D'ARCHITECTURE,

POUR

LES EMBELLISSEMENTS

DE PARIS.

Par M.-A. CARÊME.

A PARIS,

Chez

L'AUTEUR, rue St-Honoré, n° 404.

FIRMIN DIDOT, rue Jacob, n° 24.

BOSSANGE père, rue de Richelieu, n° 60.

DE L'IMPRIMERIE DE FIRMIN DIDOT,

rue Jacob, n° 24.

1826.

PROJETS D'ARCHITECTURE

DESTINÉS

AUX EMBELLISSEMENTS DE PARIS.

Fontaine militaire, place des Invalides ;

Grand trophée militaire, consacré à la gloire de la Grande Armée ;

Grande colonne de la Garde Nationale Parisienne et des Départe-
tements ;

Grande colonne à la gloire littéraire, scientifique et des Beaux-
Arts en France ;

Grande fontaine de l'Univers.

DESCRIPTION DU PREMIER PROJET.

Hommage à Charles X. Fête de Sa Majesté.

Sire,

En ce jour, cher à tous les Français, daignez jeter un regard tutélaire sur
le projet d'une Fontaine militaire, propre à être érigée sur l'Esplanade des Invalides. Ah ! si Louis XIV fit élever ce somptueux hôtel pour servir de noble
retraite aux braves soldats devenus infirmes dans les combats, il est digne
encore d'un Bourbon d'ajouter à la magnificence de ce vaste monument, par
un édifice consacré à la valeur de l'armée française.

Sire, depuis l'heureux avénement de Votre Majesté au trône de ses aïeux, j'ai pensé que le Gouvernement pourrait employer les quatre grandes statues en marbre blanc qui sont déposées à l'Hôtel des Invalides, et elles sont ajustées à ce projet.

Ah ! pourquoi une affreuse réaction a-t-elle privé la France de voir ses modernes guerriers dans ces statues colossales qui devaient décorer le plus beau pont de la capitale? Mais depuis long-temps ces Français sont morts au champ d'honneur. Ils sont les compagnons d'armes des maréchaux de France qui viennent de nouveau d'illustrer la valeur française, sous le commandement du Héros de la France.

Sire, ce Héros est votre auguste fils, dont la sagesse et la vaillance ont pacifié l'Espagne en quelques mois !

Oui, Sire, ces mêmes guerriers se seraient également couverts de gloire en combattant pour les Bourbons.

O mon Roi ! ô France ! ô ma patrie ! puisse l'amour de mon pays bien m'inspirer; fasse le ciel que ce projet soit digne de CHARLES le Bien-Aimé, le père du peuple et de l'armée !

Je suis avec le plus profond respect,

Sire,

De Votre Majesté,

Le très-humble et très-fidèle sujet,

CARÊME.

PREMIER PROJET.

Description de la Fontaine militaire.

LES bassins de ce monument rappellent, par leurs décorations, l'expédition de l'armée française en Égypte; au-dessous de ces décorations, on distingue une inscription sur chaque façade.

LA PREMIÈRE : Monument érigé à la gloire de la valeur française, par ordre de Sa Majesté CHARLES X. 1826.

La seconde : Campagnes d'Italie, d'Allemagne, d'Égypte, de Prusse, de Pologne, de Russie et d'Espagne.

La troisième : A Charles X l'armée française reconnaissante.

La quatrième inscription : Honneur, patrie, valeur, discipline; gloire française, gloire immortelle.

Du soubassement de l'obélisque s'échappent des nappes d'eau formant d'imposantes cascades; voulant ainsi indiquer le passage des fleuves de l'Europe par nos armées victorieuses.

Le dé du piédestal des statues est orné de couronnes de laurier. On y distingue les noms des généraux que les statues représentent.

Du milieu des quatre figures s'élève un obélisque, décoré de couronnes et de bannières, sur lesquelles sont inscrites les conquêtes des armées françaises.

La Victoire couronne cette fontaine nationale.

Élévation, 95 pieds sur 65 de diamètre.

L'an dernier, à la fête de Sa Majesté Charles X, j'adressai au Roi les détails que je viens d'énoncer; et peu de temps après, j'eus l'honneur de recevoir une lettre de M. le comte de Damas, dans laquelle il m'annonçait que mon placet venait d'être renvoyé au Ministre de l'Intérieur; que je devais m'adresser à Son Excellence pour connaître le résultat de ma démarche. En effet, je reçus bientôt une lettre de M. le comte de Corbière, par laquelle il me prévenait qu'il ne pouvait pas donner suite, pour le moment, au projet que j'avais conçu.

DEUXIÈME PROJET.

Grand trophée militaire, consacré à la gloire de la Grande Armée.

Observation. Il est facile de s'apercevoir, d'après la composition de mes dessins, de mon admiration pour tous les genres de gloire qui ont illustré mon pays, et de penser ensuite combien je dus être enthousiasmé de nos grands triomphes militaires. Lorsque la victoire suivait partout nos phalanges guerrières, dans ce temps-là, j'avais conçu plusieurs grands monuments nationaux, j'ose le dire. On pourra s'en convaincre par mon dessin et les détails de ce projet, que je vais décrire.

Le pied du monument est orné de grandes nappes d'eau jaillissantes, pour rappeler le passage des fleuves par nos armées triomphantes. Des trophées de nos armes victorieuses s'élèvent au-dessus. On y distingue de grandes statues, représentant les villes conquises; elles déposent leurs armes. Sur le dé des socles de ces trophées seraient des inscriptions rappelant les grandes batailles gagnées par la valeur de nos armées.

Au-dessus des trophées, s'élève le Temple de la Gloire. En employant pour l'architecture de ce temple un ordre égyptien, j'ai voulu rappeler la conquête de l'Égypte par la France savante et guerrière. Entre chaque colonne sont placées les statues des braves généraux morts sur le champ d'honneur.

Le soubassement du temple est ceint d'inscriptions, pour léguer aux siècles à venir les noms des officiers et soldats qui se sont couverts de gloire en mourant pour la patrie.

Au-dessus du temple, j'ai réuni des Génies allégoriques, pour exprimer les vastes connaissances et les vertus qui doivent caractériser le grand général. Ces Génies sont posés sur des poupes de navires; voulant encore rappeler l'expédition de l'armée française en Égypte.

La mappemonde s'élève au-dessus de ce groupe de Génies. C'est ici que mon projet prend un caractère imposant et national.

J'aurais donc voulu que ce grand (50 pieds de diamètre) globe terrestre fût exécuté en bronze, ayant en relief la surface de la terre. Les chaînes de montagnes eussent été d'un bronze plus rouge, afin de les détacher davantage des continents. Toute l'immensité des mers, des golfes, des fleuves et rivières eût été argentée. Ensuite j'aurais voulu tracer, par des étoiles exécutées en stras, la marche de nos armées triomphantes, du midi au nord et du nord au midi de l'Europe agitée et inquiète.

Mais c'est surtout dans l'intérieur de cette grande boule du monde que j'aurais voulu voir s'exécuter une seconde mappemonde transparente. Elle eût été éclairée par un vitrage en fer, ménagé dans le haut du grand globe extérieur. Le milieu de la mappemonde intérieure eût été orné d'un escalier, confectionné en fer, avec trois galeries circulaires. La belle pensée de M. Langlard, qui a présidé à l'exécution de son admirable GÉORAMA, m'a charmé. J'ai été frappé du grandiose de cette vaste conception, et, après l'avoir admirée, je me suis dit : Plus de quinze années se sont écoulées depuis que j'avais conçu la même pensée. Le GÉORAMA, par sa belle exécution, est, selon mon sentiment, un véritable temple érigé à la gloire des géographes célèbres et à la géographie.

Ma mappemonde intérieure devait produire le même effet, en ayant une autre destination, puisque je désirais montrer à la nation française la marche victorieuse de nos armées. Je le répète, des étoiles brillantes eussent retracé leur marche valeureuse du Midi au Nord et du Nord au Midi.

Assurément, l'ensemble de ce grand trophée devait nécessairement produire un grand effet sur l'esprit de la nation française, si enthousiaste de la gloire militaire. La statue de la France victorieuse fait le couronnement de ce grand monument national.

Élévation, 215 pieds sur 100 de diamètre.

TROISIÈME PROJET.

Grande colonne des douze légions de la Garde Nationale parisienne et des départements.

Le pied de l'édifice est ceint de couronnes de chêne, dans lesquelles sont placés les noms des villes - chefs - lieux des départements. Au - dessus s'élèvent douze coupes formant des cascades imposantes. Le soubassement du temple est décoré de lions, emblèmes de la force et de la clémence.

Ce temple de la Gloire est composé de l'orde d'architecture égyptien, pour rappeler l'Égypte, la mère patrie des connaissances humaines. Sur la frise de l'entablement on lit cette légende : FIDÉLITÉ, DÉVOUEMENT, 12 avril, 4 mai 1814, 12 mars, 8 juillet 1815. Entre chaque colonne on remarque les Génies des Beaux-Arts. J'ai voulu, par ces Génies, exprimer la réunion des savants et des artistes composant la Garde nationale du royaume, qui rassemble, sous le même uniforme, le magistrat, l'agriculteur, le géomètre, l'astronome, le chimiste, le savant, l'historien, le poète, le musicien, le peintre, l'architecte et le statuaire.

Les colonnes du temple sont couronnées de trophées militaires consacrés à la Garde nationale parisienne. On y distingue des boucliers sur lesquels seraient inscrits les noms des chefs de chaque légion, en 1814 et 1815. Du milieu de ce temple des Beaux-Arts s'élève une colonne de l'ordre égyptien. Pour couronner cet édifice d'une manière digne du motif qui me l'a inspiré, j'ai groupé trois figures du Temps supportant la boule du monde; désirant exprimer, à la fois, par ces symboles du passé, du présent et de l'avenir, les services importants que la Garde nationale a rendus à son Roi et à la patrie.

Élévation, 190 pieds sur 100 de diamètre.

L'érection de ce grand monument sur la vaste place du Carousel ferait disparaître l'irrégularité de la réunion du palais des Rois au palais des Beaux-Arts.

QUATRIÈME PROJET.

Grande colonne à la gloire littéraire, scientifique et des Beaux-Arts en France.

Le soubassement de cette grande colonne est ceint de couronnes de laurier, dans lesquelles seraient placés les noms de nos artistes célèbres ; entre chaque couronne, des inscriptions rappelleraient leurs chefs-d'œuvre immortels.

Au-dessus des bassins, on distingue les Génies des Beaux-Arts portés sur des lions couchés. Ces lions font jaillir des nappes d'eau au loin.

Le piédestal de la colonne forme la croix grecque. Chaque façade est décorée d'une grande table de marbre, sur laquelle on distingue des couronnes contenant les noms de nos grands législateurs, moralistes, historiens, savants, littérateurs et poètes. Chacune de ces tables est destinée à caractériser chaque genre d'écrire dans lequel ils se sont illustrés.

La première table est consacrée à la Législation ; les statues de Sully, de D'Aguesseau et de Colbert décorent cette première façade.

La seconde table, à droite de la colonne, serait consacrée à nos grands auteurs tragiques et comiques ; et les statues du grand Corneille, de Molière et de Voltaire la décorent.

La troisième table rappellerait nos grands historiens et nos grands moralistes.

La quatrième table serait consacrée à nos grands peintres, sculpteurs et architectes. Quatre bas-reliefs (11 pieds de hauteur sur 10 de largeur) orneraient les quatre façades du piédestal de la colonne. Ces bas-reliefs retraceraient par leurs compositions les époques où nos Rois firent rejaillir la magnificence du trône sur les hommes de génie qui ont illustré la France.

Au-dessus des quatre tables de marbre s'élèvent des Renommées, pour répandre dans les quatre parties du monde les immortels travaux de nos grands hommes.

La statue de l'Immortalité couronne ce grand monument français.

Élévation, 190 pieds sur 100 de diamètre.

Cette colonne serait susceptible d'être érigée sur la place Dauphine, cette place étant reconstruite sur le nouveau plan que j'ai donné dans cette livraison.

Le grand carré des Champs-Élysées conviendrait encore à l'érection de cet édifice.

CINQUIÈME PROJET.

Grande Fontaine de l'Univers.

Le pied du monument est ceint de guirlandes et de couronnes de chêne, dans lesquelles seraient placés les noms des grandes capitales des quatre parties du monde. Au-dessus s'élèvent quatre statues colossales, représentant l'Asie, l'Europe, l'Afrique et l'Amérique. Un temple, décoré d'archivoltes s'élève au-dessus; entre chaque colonne, on distingue les statues colossales des grands fleuves qui rappellent les quatre parties du monde. Du milieu du temple s'élève une colonne de l'ordre de Pæstum; quatre poupes de navires y sont ajustées; quatre figures allégoriques sont posées dessus : elles représentent la Liberté des mers, le Commerce, l'Industrie et l'Abondance.

Pour couronnement, j'ai représenté les quatre Vents par quatre figures ailées, supportant la boule du monde.

La statue de la Navigation couronne ce monument de l'univers. Par l'art de la navigation s'unissent tous les peuples de la terre.

Élévation, 140 pieds sur 90 de diamètre.

Cette fontaine me semble digne de la capitale de la France.

REMARQUE ET OBSERVATION DERNIÈRES.

Je le répète, si j'avais pu me livrer à la noble profession de l'architecture, comme architecte français, et jaloux de la gloire nationale, je n'aurais point voulu employer, dans mes monuments triomphaux, de ces armes conquises sur les ennemis de la patrie. Je pense sur ce sujet si intéressant de même que le célèbre Raynal, dont je vais rapporter ici ces judicieuses réflexions.

DES MONUMENTS QUE PEUVENT INSULTER LES NATIONS VAINCUES.

« Il est simple et naturel qu'un conquérant s'approprie autant qu'il peut ses « conquêtes, qu'il affaiblisse son ennemi en s'agrandissant. Mais il ne doit jamais « laisser des sujets permanents d'humiliation qui ne lui servent de rien, et qui

« mettent la rage dans le cœur de ceux dont il a triomphé. Le regret d'une perte
« s'affaiblit et se passe avec le temps. Le sentiment de la honte s'irrite de jour
« en jour, et ne cesse point. Le moment de se développer est-il arrivé ? il se
« manifeste avec d'autant plus de fureur, qu'il a duré plus long-temps.

« Puissances de la terre, soyez donc modestes dans les conditions que vous
« imposez aux vaincus, et dans les monuments par lesquels vous vous proposez
« d'éterniser la mémoire de vos succès. Il est impossible de souscrire avec sin-
« cérité à un pacte déshonorant ; on ne trouve déja que trop de faux prétextes,
« de motifs injustes, pour enfreindre les traités, sans y en ajouter un aussi légi-
« time et aussi pressant que celui de se soustraire à l'ignominie. N'exigez dans
« la prospérité que les sacrifices auxquels vous vous résoudriez sans rougir dans
« le malheur.

« Un monument qui insulte, et sur lequel un ennemi qui traverse votre capi-
« tale ne peut tourner les yeux sans éprouver un mouvement profond d'indi-
« gnation, est une perpétuelle exhortation à la vengeance. Ne souffrez pas qu'on
« pose votre pied sur la tête de votre ennemi ; si vous avez été heureux , songez
« que vous pouvez cesser de l'être ; et qu'il y a plus de honte à détruire soi-même
« un monument que de gloire à l'avoir élevé. »

O bon Raynal ! tes écrits devraient toujours être médités par les ministres
de toutes les nations. Mais, hélas ! combien ta belle ame eût été souffrante, si
tu avais vu ta patrie ravagée par des troupes étrangères, si tu avais vu nos monuments de triomphe perdre leurs plus beaux ornements. Mais laissons loin
de nous ces tristes souvenirs.

Il me semble donc que le but que l'on se propose en érigeant un monument
à la gloire d'une nation, est de léguer aux siècles à venir les hauts faits de
ses armes ; mais ces mêmes armes victorieuses ne deviennent-elles pas sacrées
pour la patrie ? Le héros ceint du laurier de la victoire a-t-il quelque chose
de plus honorable que les armes avec lesquelles il sut vaincre l'ennemi de son
pays ? Au retour des combats, il élève ses armes au chevet de son lit, il les
montre en trophée à ses enfants, pour féconder dans leurs jeunes cœurs l'enthousiasme de la gloire : eh bien, pourquoi donc ne pas grouper ainsi nos armes victorieuses en trophées, pour en décorer nos monuments ? Alors il me semble que
l'étranger, en traversant la capitale, ne pourrait avoir d'autre regret que celui
de ne pas avoir de semblables monuments dans sa patrie. Car, enfin, si on
élève des colonnes triomphales pour la postérité, je le demande, où sont les
monuments qui nous rappellent seulement les armes victorieuses dans les Gaules,
de Clovis, fondateur de la monarchie française et chrétienne ? Il en est ainsi
des armes de nos preux et valeureux guerriers, l'honneur de la France, des
Bayard, des Condé, des Turenne, des Catinat ; nos monuments ainsi déco-
rés de ces armes seraient bien dignes de l'admiration nationale, et pour rappeler

nos victoires, il suffirait d'ajuster à nos trophées les noms des batailles gagnées par les armées françaises. Nous l'avons fait dans nos monuments projetés, et plus encore en ajustant dans nos trophées des statues représentant les villes conquises, tel nous l'avons fait dans notre grand trophée projeté à la gloire de la Grande Armée Française. Oui, par cette harmonie de la clémence à la victoire, les peuples ennemis seraient doublement vaincus; ils le seraient par cette noble générosité.

La fontaine qui décore la place du Châtelet m'a paru bien pensée; sa composition est d'accord avec l'intention de Raynal. Mais relativement aux armes conquises, il me semble bien plus généreux de les déposer en trophées dans nos arsenaux. C'est déjà bien assez douloureux pour les peuples vaincus, de reconnaître leurs armes dans ces monuments, dépôts sacrés de la victoire; je n'hésite point de le dire, pour sentir la justesse des observations de Raynal, il suffit d'avoir un peu voyagé. Pour mon compte, je sais qu'à Saint-Pétersbourg, à Vienne et à Londres, je ne puis me défendre d'un sentiment douloureux et pénible, en reconnaissant dans ces capitales quelques-unes de nos armes tant de fois victorieuses.

O Français, c'est loin de la patrie que nous éprouvons plus fortement son divin amour; et sitôt que nous voyons à l'étranger des objets d'humiliation pour notre pays, notre ame offensée se soulève d'indignation.

FRAGMENT, EXTRAIT D'UN OUVRAGE SUR L'ESSENCE DES BEAUX-ARTS.

Les beaux-arts, en rappelant aux hommes la mémoire des grandes actions de leurs ancêtres, les excitaient à imiter leurs vertus et à les faire tourner au profit de la société. Les grandes ames se sont toujours montrées sensibles aux impressions de cette espèce : est-il, en effet, un mérite plus relevé que celui d'inspirer l'amour de la gloire et de l'immortalité à des personnes déjà très-disposées par elles-mêmes à servir le genre humain? On peut appliquer avec fondement aux arts libéraux ce que disait Horace de la poésie d'Homère, savoir, qu'ils instruisent infiniment mieux que les froids préceptes de la philosophie; à la vérité, celle-ci forme l'esprit, mais elle ne va pas plus loin; elle nous laisse au point de n'être que de froids approbateurs de ses préceptes. Les beaux-arts, au contraire, appellent au secours de la vérité toutes les passions; celles, surtout, qui ont le plus d'influence sur les ames nobles et relevées; outre qu'ils convainquent l'entendement, ils embrasent l'ame de la noble ardeur de mettre ces sublimes leçons en pratique. La philosophie, j'en conviens, persuade; elle écarte le bandeau des yeux de l'entendement; elle nous montre la vérité à découvert; peut-être nous la fait-elle envisager avec un certain degré de plaisir que nous procure naturellement la vue de ses charmes; mais comme elle s'arrête là, le moindre obstacle peut retarder nos progrès dans cette dangereuse tranquillité. Les beaux-arts nous entraînent bien loin avec une force irrésistible. Ils remplissent l'ame de cet enthousiasme qui produit les grandes actions, et qui couronne les entreprises d'un heureux succès : l'indolence, les difficultés, les dangers, s'évanouissent en sa présence; par lui, l'ignorant devient un savant et le faible devient un héros. En un mot, les beaux-arts ont donc sur la philosophie tout l'avantage que l'action et la pratique ont au-dessus de la simple spéculation, ou celui d'une jeunesse forte et vigoureuse, comparée à la caducité de la vieillesse. C'est pour cela que Saint Grégoire de Nazianze ne pouvait s'empêcher de verser des larmes, toutes les fois qu'il jetait les yeux sur un tableau représentant le sacrifice d'Isaac; c'est pour cela que César, en voyant le portrait d'Alexandre, fondit en pleurs et s'écria : « A mon âge, ce héros avait déjà conquis l'univers; je n'ai encore rien fait qui soit digne de la postérité. »

On ne doit donc pas s'étonner que les plus grands Rois aient honoré de leur estime les beaux-arts, que les plus puissantes républiques se soient empressées à les distinguer, et que les hommes, en général, aient considéré les artistes comme les bienfaiteurs de la société, surtout quand leurs ouvrages tendaient à une fin bien plus relevée et plus vertueuse que l'envie de flatter le luxe et la vanité de quelques particuliers. On voulait qu'ils fussent la récompense d'un mérite distingué; et tout à-la-fois des leçons de vertu. Les Égyptiens, qui, par la température uniforme de leur climat, avaient reçu en partage la constance et le bon sens, se formèrent les premiers des notions justes du gouvernement et de son véritable objet, celui de rendre la vie commode et les peuples heureux. Ils ne tardèrent guère à s'apercevoir combien la culture des beaux-arts servait à inspirer l'amour de la patrie. Les Grecs, cette nation vraiment faite pour former, embellir et perfectionner la nature humaine, imitèrent les Égyptiens, et furent imités, à leur tour, par les Romains, dans leur estime pour les beaux-arts, les dépenses avec lesquelles ils les cultivèrent, et le but auquel ils les firent servir.

Ceux qui prétendent que les beaux-arts n'ont pour objet que le plaisir, ne peuvent entendre que le plaisir qui résulte de la perfection de l'homme et de ses facultés portées au plus haut degré. Les beaux-arts, contribuant à procurer à l'homme la suprême jouissance de tout son être, doivent se mettre au rang des choses les plus importantes de la vie humaine, et des plus dignes soins du législateur et du souverain. Ne bornons point les fruits du génie à un agrément frivole; montrons à l'homme d'état comment il peut en tirer les plus grands avantages pour le bien de la société politique. . . . .

Une autre chose bien plus importante encore, c'est que les beaux-arts, imitant toujours la nature, répandent, à pleines mains, les attraits de la beauté sur des objets immédiatement nécessaires à notre félicité, et par là nous inspirent pour tous ces objets un attachement invincible. Cicéron souhaitait de pouvoir présenter à son fils une image de la vertu, persuadé qu'on ne pourrait la voir sans en devenir éperdument amoureux. Or, voilà le service inestimable que les beaux-arts peuvent réellement nous rendre : pour cela, ils n'ont qu'à consacrer la force magique de leurs charmes aux doux biens les plus nécessaires à l'humanité, à la vérité et à la vertu. . . . .

L'historien rapporte un événement tel qu'il s'est passé : le poète s'empare du même sujet et nous le présente de la manière qui lui paraît la plus propre à faire sur nous une impression vive et conforme à ses vues; le simple dessinateur trace, dans la plus grande exactitude, l'image d'un objet visible; le peintre y ajoute tout ce qui peut compléter l'illusion et ravir les sens et l'esprit. Tandis que, dans leur démarche et par leurs gestes, les autres hommes développent, sans y penser, le sentiment qui les occupe : le danseur donne à ces gestes et à cette démarche un ordre plus marqué et une beauté plus accomplie. Ainsi, il n'est pas possible qu'il nous reste aucun doute sur ce qui constitue l'essence des beaux-arts.

Leur but immédiat est de nous toucher vivement. Il ne suffit pas que nous reconnaissions simplement, ou que nous conservions d'une manière distincte, les objets qu'ils nous présentent; il faut que l'esprit soit frappé et le cœur ému; c'est pour cela que les beaux-arts donnent aux objets la forme la plus propre à flatter les sens et l'imagination. . . . .

Ce que la nature fait dans les climats les plus heureux, les beaux-arts le font partout où ils brillent de leurs ornements naturels. Toutes les forces de l'ame se développent et s'épurent nécessairement de plus en plus dans un homme dont l'esprit et le cœur sont à chaque instant frappés et touchés par des perfections de tous les genres. La stupidité, l'insensibilité de l'homme inculte et grossier, disparaît peu à peu; et d'un animal sauvage, il se forme un homme dont l'esprit est rempli d'agréments, et dont le caractère inspire l'amitié.

Fontaine Militaire, Place des Invalides.
1er Projet

Grand Trophée Militaire Consacré à la Gloire de la Grande Armée

Grande Colonne de la Garde Nationale Parisienne et des Départements

Grande Colonne à la Gloire ... littéraire, scientifique et des beaux arts en France.

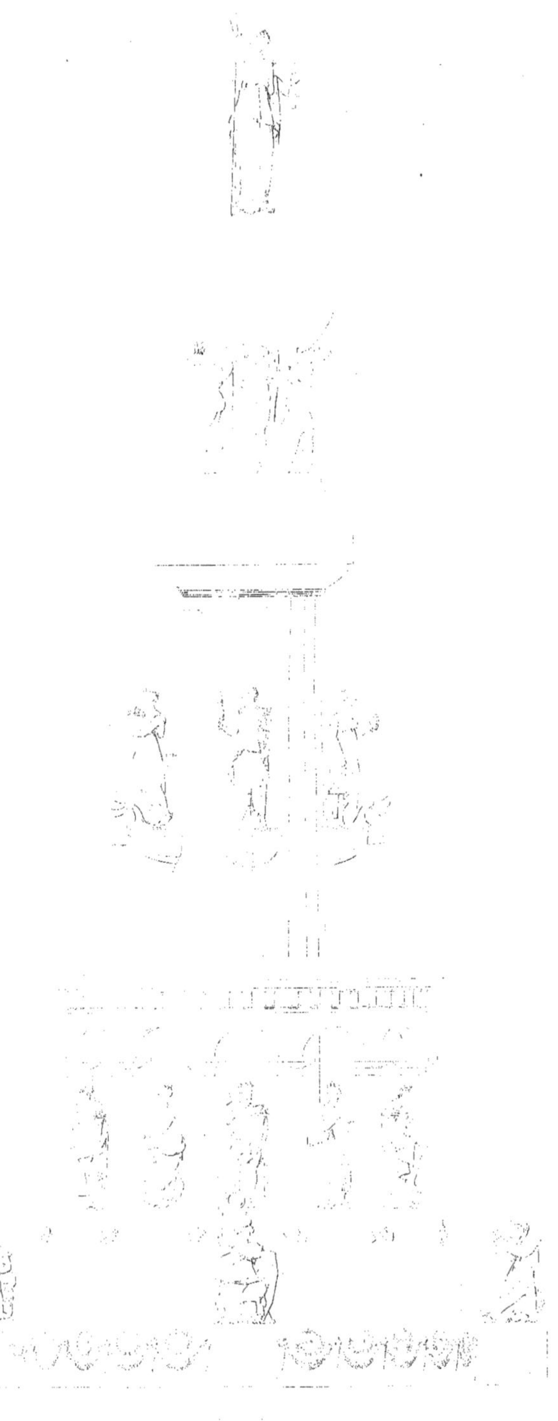

Grande Fontaine de l'Univers.

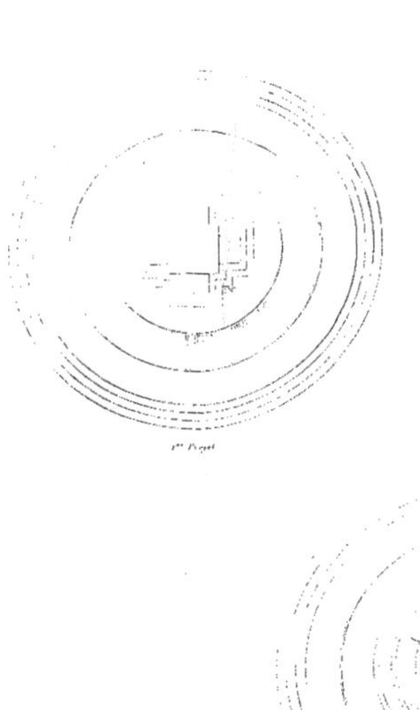

1.er Projet.

2.e Projet.

3.e Projet.

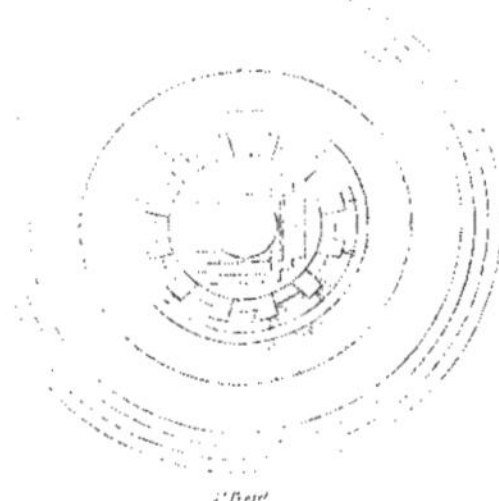

4.e Projet.

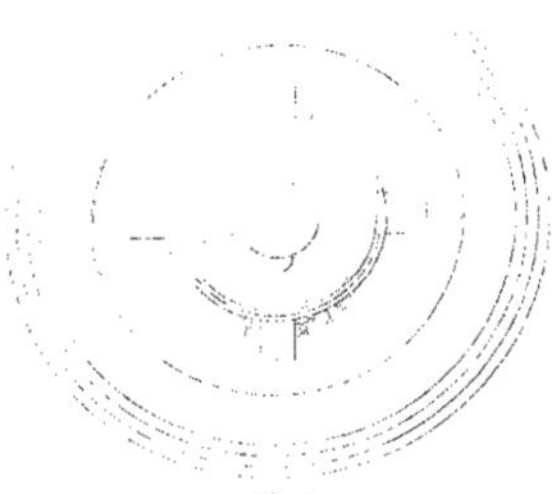

5.e Projet.